My Genetic Journey

DNA Diary

Maddie Mayfair

Copyright © 2017
All rights reserved.

ISBN-13:
978-1975844479

ISBN-10:
1975844475

www.ingramcontent.com/pod-product-compliance
Lightning Source LLC
Chambersburg PA
CBHW070244230526
45470CB00002B/476